Anh Le

„Ich glaube, also werde ich gesund."- Das Geheimnis des Placeboeffekts

GRIN Verlag

Bibliografische Information der Deutschen Nationalbibliothek:

Die Deutsche Bibliothek verzeichnet diese Publikation in der Deutschen National-
bibliografie; detaillierte bibliografische Daten sind im Internet über http://dnb.d-
nb.de/ abrufbar.

Impressum:

Copyright © 2012 GRIN Verlag GmbH
Druck und Bindung: Books on Demand GmbH, Norderstedt Germany
ISBN: 978-3-656-21692-6

Dieses Buch bei GRIN:

http://www.grin.com/de/e-book/195472/ich-glaube-also-werde-ich-gesund-das-
geheimnis-des-placeboeffekts

Gymnasium
Eschenbach i. d. OPf.

Abiturjahrgang

2012

SEMINARARBEIT

Rahmenthema des wissenschaftspropädeutischen Seminars:

Neurophysiologie

Leitfach: *Biologie*

Thema der Arbeit:

„Ich glaube, also werde ich gesund."- Das Geheimnis des Placeboeffekts.

Verfasser/in:

Anh Le

Abgabetermin: *8. November 2011*

(2. Unterrichtstag im November)

Inhaltsverzeichnis

1. Phänomene an der Grenze der Wissenschaft

„Peter Simon ist ein Gebetsheiler aus Lübeck, der durch spektakuläre Heilungen bekannt wurde.

Unter anderem heilte er bei einer seiner Patienten einen Bachspeicheldrüsenkrebs, eine der

aggressivsten Krebsarten, bei der derzeit kaum eine Überlebenschance gibt [1]."

Doch wie lässt sich dieses Phänomen erklären? Ist es wirklich, wie er sagt, eine übernatürliche

Gabe[2], die es ihm ermöglicht, Menschen von ihren Krankheiten zu heilen, oder ist es nichts

Weiteres als der Placeboeffekt?

Mit dieser Frage soll die Arbeit *„Ich glaube, also werde ich gesund." – Das Geheimnis des*

Placeboeffekts. herangegangen werden. Sie erörtert, wie und auf welche Art und Weise

Placebos positiv den Heilungsprozess beeinflussen können, und letztendlich, welche

Selbstheilungskräfte im Menschen verborgen sind, die den Placeboeffekt darstellen. Das

Geheimnis um den Placeboeffekt wird insofern gelüftet, dadurch dass seine Mechanismen

entschlüsselt werden. Mit diesem Wissen geht man nun auf die Einsatzbereiche des Placebos

über und stellt seine Bedeutung für die Medizin dar. Vollständigkeitshalber soll auch auf die

ethische Problematik eingegangen werden, wenngleich der Schwerpunkt der Arbeit ist, den

vorteilhaften Nutzen von Placebos hervorzuheben.

---

1), 2) entnommen aus Quellenverzeichnis [TI]

2. Definitionen

2.1 Placebo und Placeboeffekt

Eine oft zitierte Definition stammt von Shapiro , die Placebo als *„jede Therapie (oder ein Teil davon), die absichtlich oder wissentlich wegen ihres unspezifischen, psychologischen, therapeutischen Effekts für den Patienten, für ein Symptom oder für eine Krankheit genutzt wird, aber für die Behandlungsindikation keine spezifische Wirkung hat"*[3] ,definiert.

Shapiro geht davon aus, dass Placebos inerte Substanzen sind und daher keine spezifischen Effekte hervorrufen. Dennoch ist es nicht auszuschließen, dass durch eine Placebogabe spezifische Wirkungen ausgelöst werden können[4]. Die Thematik um die „Spezifität" soll hier aber nicht weiter diskutiert werden, da diese bisher noch nicht vollständig ergründet worden ist. Für den weiteren Verlauf der Arbeit wird der Placeboeffekt als ein unspezifischer Effekt angesehen.

An dieser Stelle soll der Erklärungsansatz Moermans angeführt werden, der den Fokus nicht auf die Gabe eines Placebos legt, sondern vielmehr auf den Kontext einer Intervention:

„The placebo effect is most usefully defined as a positive healing effect resulting from the use of any healing intervention presumed to be mediated by the symbolic effect of the intervention for the patient."[5]

Unter Berücksichtigung beider Definitionen soll ein Placebo nun als pharmakologisch unwirksame, für den Patienten aber symbolhafte Maßnahme bezeichnet werden. Es kann sich hierbei um ein *„wirkstofffreies, äußerlich nicht vom Original unterscheidbares ‚Leer-' oder Scheinmedikament"*[6] handeln oder um eine therapeutische Scheinintervention, die z.B. in der Chirurgie, Akkupunktur oder Psychotherapie durchgeführt wird.

Aus der Verabreichung eines Placebos und nur unter dieser Voraussetzung resultiert schließlich der Placeboeffekt, der ein *„für die Besserung der Erkrankung und Symptomatik relevantes"*[5] Phänomen ist.

2.2 Reine und unreine Placebos

Vollständigkeitshalber sollen noch die unterschiedlichen Formen des Placebos aufgeführt werden. Man unterscheidet hier die reinen bzw. echten und die unreinen bzw. aktiven oder Pseudo-Placebos. Als reine Placebos gelten pharmakologisch unwirksame Substanzen, die

---

3), 4), 6) entnommen aus Quellenverzeichnis [BU]

5) entnommen aus Quellenverzeichnis [SA]

gegebenfalls Geschmackskorrigentien oder Farbstoffe enthalten. Dahingegen werden Stoffe, die pharmakodynamische Aktivatoren beinhalten, ohne dabei wirkspezifische Eigenschaften auf die Erkrankung zu haben, als unreine Placebos (aktive, Pseudo-Placebos) bezeichnet. Diese aktiven Substanzen täuschen typische Nebenwirkungen vor, um den Eindruck zu verstärken, es handle sich um das Originalmedikament, das Verum[7].

3. Wirkungsmechanismen des Placeboeffekts

Auf die Frage hin, wie und auf welche Art und Weise der Placeboeffekt zustande kommt, werden im Wesentlichen zwei Erklärungsansätze – assoziativ und mentalistisch – herangezogen, die sich in der Placeboforschung bewährt und gleichermaßen Respekt verdient haben. Welcher Wirkungsmechanismus nun auf den Patienten anspricht, hängt allein von ihm ab. Dabei ist nicht auszuschließen, dass auch beide Ansätze in kombinierter Form auftreten können.

3.1 Der assoziative Ansatz

Beim assoziativen (lerntheoretischen) Ansatz handelt es sich vorwiegend um eine klassische Konditionierung, sodass Placeboeffekte das Resultat einer unbewussten Lernerfahrung sind. Der Proband wird auf eine bestimmte psychische oder physische Reaktion hin konditioniert, die mit der Gabe eines Verums oder auch Placebos assoziiert ist.

Die klassische Konditionierung (vgl. Pawlow 'scher Hund) kommt zustande, indem ein unkonditionierter Stimulus (UCS, Schmerzmittel) mit einem konditionierten (CS, Spritze) zeitlich gekoppelt wird. Das Resultat aus dieser Paarung ist eine unkonditionierte Reaktion (UCR), die sich als Schmerzlinderung ausdrückt. Wird dieser Vorgang mehrmals wiederholt, so bewirkt allein der konditionierte Stimulus eine Reduzierung der Schmerzen, eine sog. konditionierte Reaktion (CR) [8].

Wenngleich beim assoziativen Erklärungsmodell das Augenmerk auf das Lerntheoretische gerichtet ist, so spielt die Kognition dennoch eine nicht unwesentliche Rolle. Denn selbst die Wahrnehmung des Settings (Arzt, Praxis) übt bereits einen gewissen Einfluss auf den Heilungsprozess des Patienten bzw. auf die Wirkung des Placebos. Ebenso kann die Beobachtung eines anderen, der mit Placebo erfolgreich behandelt worden ist, maßgebend für die Höhe des Placeboeffekts sein.

---

7) entnommen aus Quellenverzeichnis [BU]

8) entnommen aus Quellenverzeichnis [BU], [BCP]

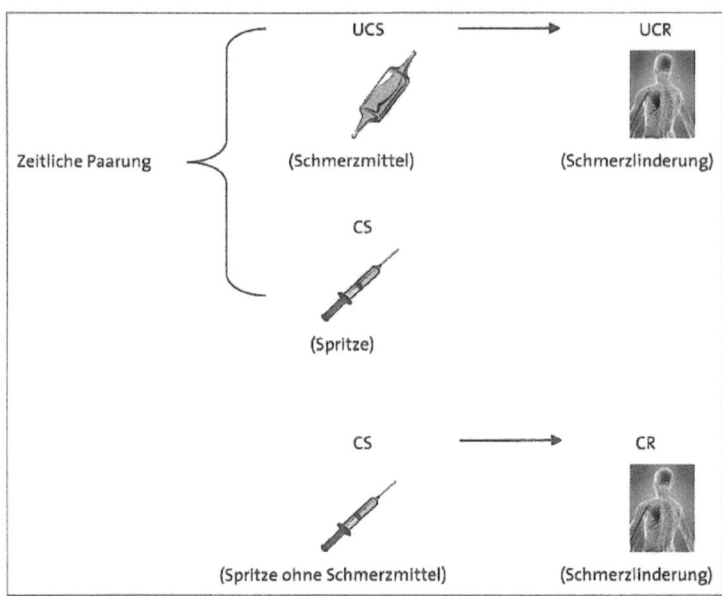

Abb.1 [9]

Abb. 4: Placeboanalgesie als Ergebnis klassischen Konditionierens, UCS: unkonditionierter Stimulus, UCR: unkonditionierte Reaktion, CS: konditionierter Stimulus, CR: konditionierte Reaktion

3.2 Der mentalistische Ansatz

Kognition, Hoffnung, Erwartung und ähnliche Begriffe sind für das mentalistische (kognitivistische) Erklärungsmodell ausschlaggebend, weshalb der Placeboeffekt einem Erwartungseffekt gleichzusetzen ist. Hier beruht der Mechanismus auf die Erwartungshaltung des Patienten, sodass zwischen ihr und dem Placeboeffekt ein linearer Zusammenhang besteht. Je höher also die Erwartung des Patienten ist, desto größer ist die erwünschte Wirksamkeit des Placebos. Die Erwartungshaltung kann besonders durch Suggestion des Arztes maximiert werden. Dies soll aber in Kapitel 5 näher erläutert werden.

Wie lang ein Placeboeffekt zeitlich andauert, sei er durch Konditionierung oder eines anderen Mechanismus' hervorgerufen, ist bisher noch nicht vollständig geklärt. Es hat sich aber herausgestellt, dass der Effekt bei Patienten mit starken Schmerzen und hohem Leidensdruck nach der Absetzung des Verums und nur durch Verabreichung des Placebos noch über einen längeren Zeitraum hinweg andauert, selbst wenn eine negative Wirkung der Substanz suggeriert wird.

---

9) entnommen aus Quellenverzeichnis [BU]

Höhe des Placeboeffekts ──► Wirkungsrate

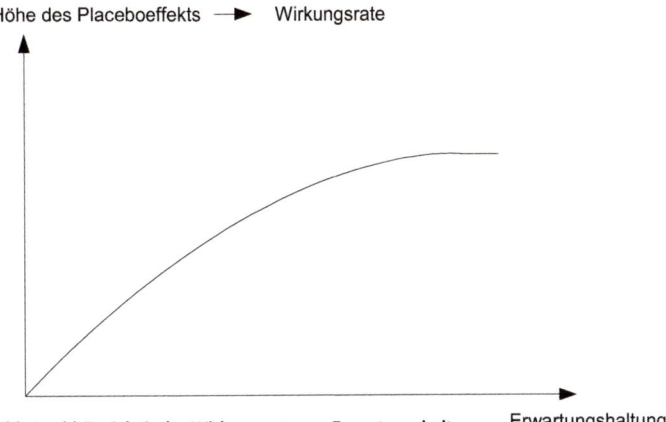

Abb.2: Abhängigkeit der Wirkungsrate zur Erwartungshaltung Erwartungshaltung

4. Wirkungsweisen des Placeboeffekts aus neurobiologischer Sicht

4.1 Klassische Konditionierung

Betrachten wir nun das vorherige Beispiel aus der klassischen Konditionierung unter neurobiologischer Sicht, so aktiviert die Injektion (der konditionierte Reiz) Membrane der Nozizeptoren und wird als schmerzhafter Reiz von den dort befindlichen freien Nervenendigungen nichtmyelinisierter C-Fasern und dünner myelinisierter Aδ-Fasern aufgenommen. Die Ionenkanäle der Membran öffnen sich, sodass es zur Depolarisation und zur Entstehung von Aktionspotenzialen kommt.

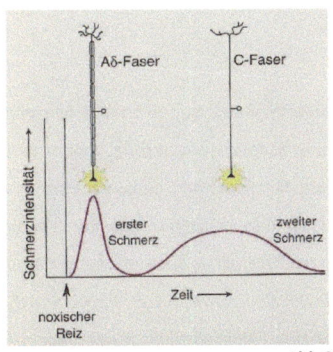

Abb.3 [10)   **Abb.4** [11)

Die Zellkörper der Aδ- und C-Fasern liegen in den segmentierten Spinalganglien und treten in das Hinterhorn des Rückenmarks ein. Dort verzweigen sich die Fasern, ziehen eine kurze

---

10), 11) entnommen aus Quellenverzeichnis [BCP]

Strecke durch die Lissauer-Zone, bis sie sich schließlich in der Substantia gelatinosa mit den Zellen des Hinterhorns synaptisch verschalten. Von hier aus werden die Informationen über den spinothalamischen Trakt zum Gehirn geleitet. Die Axone verlaufen durch Medulla, Pons und Mittelhirn bis zum Thalamus, der die nozizeptiven Informationen zur Großhirnrinde weiterleitet[12].

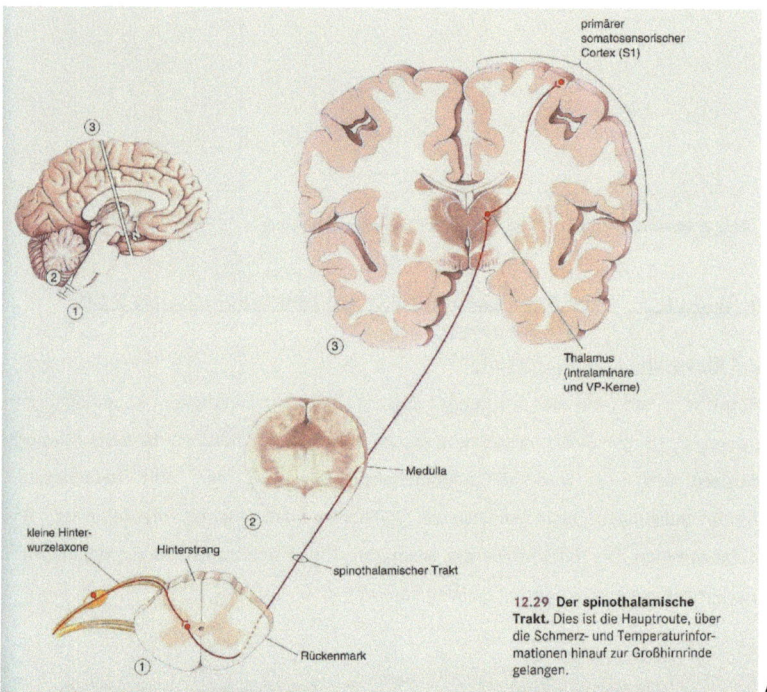

primärer
somatosensorischer
Cortex (S1)

Thalamus
(intralaminare
und VP-Kerne)

Medulla

kleine Hinter-
wurzelaxone

Hinterstrang

spinothalamischer Trakt

Rückenmark

12.29 Der spinothalamische Trakt. Dies ist die Hauptroute, über die Schmerz- und Temperaturinformationen hinauf zur Großhirnrinde gelangen.

Abb.5 [13]

Nahezu zeitgleich wird das Analgetikum(unkonditionierter Reiz), beispielsweise Morphium, in die freie Blutbahn eingeflößt. Morphium erzeugt eine Schmerzreduzierung, indem es zentral auf das Gehirn einwirkt und schmerzunterdrückende Mechanismen aktiviert. Eine davon ist das periaquäduktale Grau (PAG), eine Zone von Neuronen im Mittelhirn, das durch Morphium stimuliert wird. *„PAG-Neuronen senden spinale, deszendierende Axone entlang der Medialinie der Medulla, insbesondere zu den Raphekernen, deren Neurotransmitter Serotonin ist. Diese medullaren Neuronen projizieren wiederum hinunter zum Hinterhorn des Rückenmarks, wo sie eine wirksame Aktivitätshemmung nozizeptiver Neuronen bewirken[14].“*

---

13) entnommen aus Quellenverzeichnis [BU]

12), 14) entnommen aus Quellenverzeichnis [BCP]

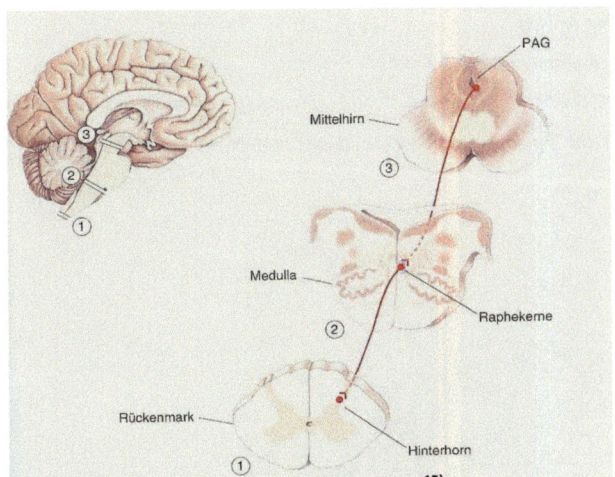

Abb.6: Absteigende schmerzkontrollierende Bahnen [15)]

Wird dieses Prozedere nun mehrmals wiederholt, so erfolgt ein Lernvorgang, der dadurch zustande kommt, dass die zwei Ereignisse (Injektion, Schmerzlinderung) im insularen Kortex miteinander verknüpft werden[16)]. Ersetzt man nun das Morphium durch Kochsalzlösung, so bleibt diese Verknüpfung weiterhin bestehen, die schließlich von der Amygdala verarbeitet und über Efferenzen in das periaquäduktale Grau projiziert wird. Es bestätigt sich derselbe analgetische Mechanismus, der sich durch die Gabe von Morphium gezeigt hat. Das hier zugrunde liegende Phänomen ist der Placeboeffekt, die konditionierte Reaktion.

Efferenzen aus der Amygdala ziehen nicht nur in das PAG, sondern können auch in den Hypothalamus projiziert werden, der ebenso schmerzstillend wirken kann, dadurch, dass er die Endorphinausschüttung reguliert. Endorphine wirken wie das Morphium auf das PAG ein und weisen somit denselben schmerzreduzierenden Effekt auf. Der Mechanismus der Placeboanalgesie durch Endorphine soll im mentalistischen Ansatz näher erläutert werden.

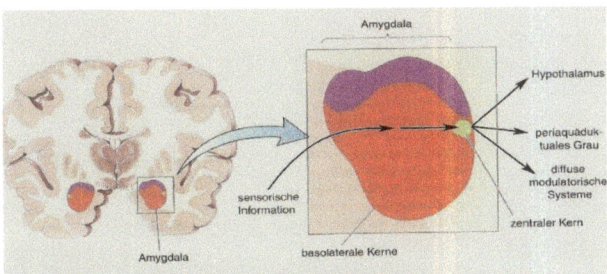

Abb.7: Neuronaler Schaltkreis in der Amygdala [17)]

---

15), 17) entnommen aus Quellenverzeichnis [BCP]

16) entnommen aus [BDK]

4.2 Mentalistischer Ansatz

Innerhalb des mentalistischen Ansatzes werden aus neurobiologischer Sicht Belohnungssysteme aktiviert. *„Die entscheidenden Hirnareale sind dabei das Tegmentum, der Nucleus accumbens, die Corpora amygdaloidea und der präfrontale Kortex[18]."*

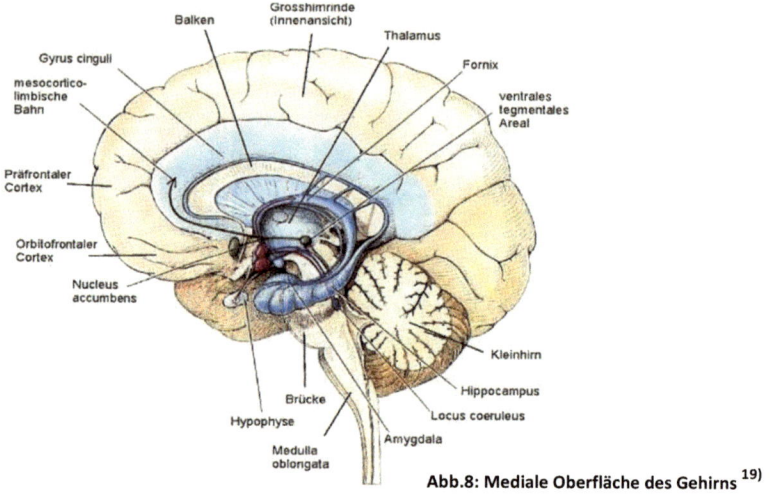

Abb.8: Mediale Oberfläche des Gehirns [19]

Wird dem Patienten nun Hoffnung auf Heilung suggeriert, so ist die positive Erwartungshaltung mit einer Aktivierung der dopaminergen Neuronen der ventralen tegmentalen Area assoziiert[20]. Es ist darauf angelegt, Dopamin über die mesolimbische Bahn in den Nucleus accumbens und den präfrontalen Assoziationskortex auszuschütten.

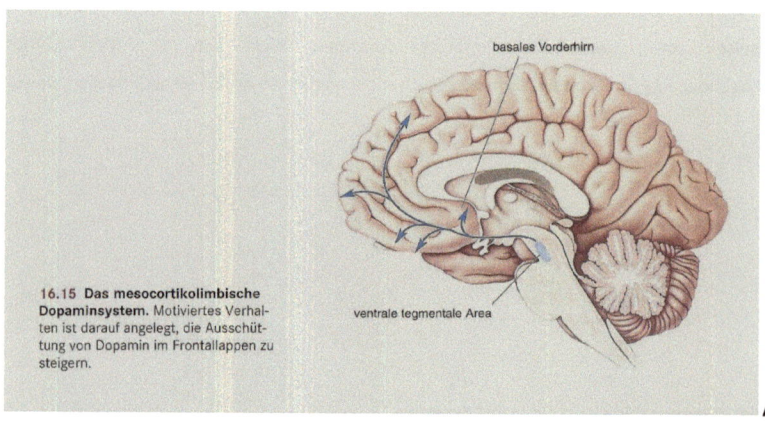

16.15 Das mesocortikolimbische Dopaminsystem. Motiviertes Verhalten ist darauf angelegt, die Ausschüttung von Dopamin im Frontallappen zu steigern.

Abb.9 [21]

---

18), 20) entnommen aus Quellenverzeichnis [BU]

19) entnommen aus Quellenverzeichnis [RO]

21) entnommen aus Quellenverzeichnis [BCP]

Im präfrontalen Kortex werden die positiven Gefühle mit bestimmten Situationen verknüpft, eine Voraussetzung, die für Lernvorgänge unerlässlich ist.

Im Nucleus accumbens befindet sich eine Vielzahl von Dopaminrezeptoren, weshalb durch synaptische Übertragung Dopamin gebunden und ein Glücksgefühl auslöst wird. Die kognitiv-psychischen Erregungen werden anschließend durch Efferenzen des Nucleus accumbens über den zentralen Kern der Corpora amygdaloidea zum Hypothalamus weitergeleitet und dort verarbeitet[22]. Dieser wiederum projiziert Hypothalamushormone in die Hypophyse, die angeregt wird, die für die Schmerzhemmung verantwortlichen Endorphine zu produzieren[23].

Die Endorphine werden danach in das periphere Nervensystem, also in sog. Interneurone, geleitet. Kommt nun der Schmerzimpuls in einem Neuron der Schmerzbahn an, so werden die endorphinhaltigen Interneuronen aktiviert. Die Endorphine werden freigesetzt und binden an die Opioidrezeptoren, die sich am Synapsenendknöpfchen der prä- sowie postsynaptischen nozizeptiven Membranen befinden. Sie blockieren nun das Enzym Adenylatcyclase und damit den Zellstoffwechsel der Zelle, sodass ankommende Aktionspotenziale gehemmt werden[24]. Durch diese Hemmung wird aber auch verhindert, dass die an der Schmerzübertragung beteiligten Neurotransmitter wie Glutamat oder Substanz P aus den präsynaptischen Terminalen freigesetzt werden[25]. Zudem wird der Erregungszustand der postsynaptischen Membran durch Hyperpolarisation herabgesetzt, sodass die Passage nozizeptiver Signale letztendlich verhindert wird.

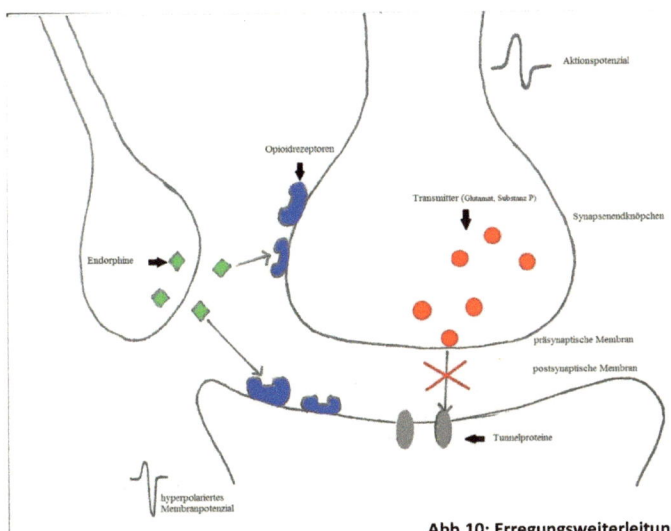

Abb.10: Erregungsweiterleitung mit Endorphinen

22) entnommen aus Quellenverzeichnis [OA₂]
23) entnommen aus Quellenverzeichnis [OA₃], [OA₄]
24) entnommen aus Quellenverzeichnis [KL]
25) entnommen aus Quellenverzeichnis [BCP]

5. Einflussfaktoren auf den Placeboeffekt

Jeder therapeutische Erfolg setzt sich aus spezifischen (Verumeffekt) und unspezifischen (Placeboeffekt) Wirkfaktoren zusammen, die sich je nach Behandlungsform unterschiedlich in ihrer Größe addieren. Im Folgenden soll das Augenmerk auf die unspezifischen Faktoren, also auf den Placeboeffekt, gelegt werden, die erheblich an der Besserungsrate beitragen können und dementsprechend für die Anwendung relevant gefördert und maximiert werden.

5.1 Rolle des Arztes

Ein sehr von Bedeutung tragender Einflussfaktor auf den Placeboeffekt ist die Arzt-Patient-Interaktion. Sie ist umso wichtiger, da die erste Anlaufstelle eines Patienten immer noch der Arzt ist. Vertrauen, Empathie und Fachkompetenz sind die Schlagwörter, die der Patient bei der Konsultation erwartet.

Umso erschreckender ist es aber, dass die Arzt-Patient-Beziehung durch den wissenschaftlich medizinischen Fortschritt stark darunter leidet. *„Je mehr* [nämlich] *die medizinische Wissenschaft gegen Krankheiten tut, desto weniger tun Ärzte für ihre Patienten"*[26]*."* Nicht mehr der Patient selbst steht im Vordergrund, sondern seine Symptome, die schnellstmöglich zu lokalisieren sind, weshalb der diagnostischen und therapeutischen Technik anstelle eines aufklärenden und empathischen Gesprächs Vorzug gegeben wird. Man sollte hier aber nicht außer Acht lassen, dass ein gewisser Unterschied zwischen Krank*heit* und Krank*sein* besteht, worauf schon Howard Spiro großen Wert gelegt hat[27]. Die Krankheit lässt sich mittels Untersuchungen des Arztes feststellen, das Kranksein jedoch umfasst jenen Anteil, was der Patient fühlt, und somit nicht greifbar für die medizinische Technik ist.

Demgemäß dürfen Ärzte sich nicht durch wissenschaftliches High-Tech in ihrer Funktion als autoritär therapeutisch handelnde Person reduzieren lassen und, nicht zuletzt auch wieder, Vertrauen in ihrem Praktizieren haben. Ihre Arztpersönlichkeit, die sie sowohl verbal als auch über ihre Mimik und Gestik vermitteln, übt einen starken Einfluss auf den Patienten aus. Bringt der Arzt ihm also die notwendigen Voraussetzungen für eine vertrauenswürdige Arzt-Patient-Beziehung entgegen, so wird sich auch der Patient „gefällig" zeigen bzw. ihm „gefallen" wollen. Erst dann wird der maximale Behandlungserfolg ausgeschöpft.

5.2 Darreichungsformen des Placebos

Der zweite Punkt, der maßgebend für die Höhe des Placeboeffekts ist, sind die Darreichungsformen des Placebos. Die wichtigsten Placeboformen sind die orale Verabreichung, Injektionen und Scheinoperationen.

---

26), 27) entnommen aus Quellenverzeichnis [SP]

5.2.1 Orale Verabreichung

Bei der oralen Verabreichung spielen Größe, Farbe, Geschmack sowie Preis und Name eine entscheidende Rolle. Denn je außergewöhnlicher sie aussehen, schmecken und heißen, desto höher ist die Wirkungsquote. Für den Preis gilt entsprechend: Je teurer, desto wirksamer. Ein Medikament darf nämlich nicht zu billig verkauft werden, da sonst die Seriosität in Frage gestellt werden könnte.

Zudem hat man herausgefunden, dass bei einer oralen Applikation Kapseln besser wirken als Tabletten. Im Vergleich zu Placebo-Tabletten haben sie sich mit einer Response-Rate von 81% vs. 29% (Tablette) als die erfolgreichere Darreichungsform erwiesen[28].

5.2.2 Injektionen

Noch wirksamer als Tabletten und Kapseln sind Injektionen, die parentale Darreichungsform, da sie meist von einer anderen Person verabreicht werden müssen[29]. Zudem beeinflusst auch der Schmerz, der beim Eindringen durch die Haut verursacht wird, die Wahrnehmung und das Verhalten des Patienten, sodass Spritzen eine effizientere Schmerzlinderung als Pillen erzielen können, weshalb auch Akkupunktur eine so erfolgreiche Therapieform ist. Jedoch hängt der Placeboeffekt davon ab, in welchem Zusammenhang und wie oft der Patient Spritzen bekommen hat und ebenso welche Erfahrung er damit gemacht hat. Jemand, der bis dato noch keine Injektionen erfahren hat, wird nicht so reagieren wie ein anderer, der damit positiv behandelt worden ist.

5.2.3 Operationen

Scheinoperationen werden in der Medizin sehr kontrovers diskutiert, da sie ethisch nicht vertretbar sind. Sie lassen den Patienten nämlich im Glauben, es handle sich tatsächlich um einen chirurgischen Eingriff. Dennoch ist nicht von der Hand zu weisen, dass eine Scheinoperation einen Placeboeffekt auslöst. Im Gegenteil, sie ist eines der wirkungsvollen Formen des Placebos. Eine randomisierte Studie, in der *„von insgesamt 180 Patienten mit Kniegelenksarthrose jeweils die Hälfte eine Arthroskopie mit Debridement sowie Lavage und die andere Hälfte nur drei Hautschnitte [erhielten]“* [30], hat sogar gezeigt, dass zu keinem Untersuchungszeitpunkt ein Unterschied zwischen den beiden Gruppen zu finden ließ. Alle Patienten haben eine Schmerzreduktion angegeben. Dieser Erfolg ist darauf zurückzuführen, dass jeder im Glauben war, an ihm sei ein chirurgischer Eingriff vorgenommen worden, was letztlich seinen Zustand verbessert habe. Ebenso verändert die verbliebene, eindrucksvolle Narbe die Wahrnehmung des Patienten und bewirkt einen erhöhten Endorphinausstoß.

---

28), 30) entnommen aus Quellenverzeichnis [BU]
29) entnommen aus Quellenverzeichnis [SP]

6. Einsatzbereiche des Placebos

„Placebos werden heute auf zweierlei Weise genutzt: Als Scheinmedikamente in klinischen Studien und als therapeutische Maßnahme in der ärztlichen Alltagspraxis. Beide Einsatzgebiete sind recht unterschiedlich [31]."

6.1 Klinische Studien

Klinische Studien sind notwendig, um die Wirksamkeit neuer Behandlungsmethoden bewerten zu können. Insbesondere für die Arzneimittelzulassung werden Medikamente methodisch mit Placebos verglichen. Erzielt das Medikament bessere Resultate als das zur Kontrolle eingesetzte Placebo, so ist dessen Wirksamkeit nachgewiesen und erst dann für den Gebrauch zugelassen.

Als qualitativ hochwertig gelten Studien, wenn sie folgende Kriterien erfüllen: Zunächst muss die „Randomisierung" gegeben sein, das heißt, die Probanden werden willkürlich in Versuchs- oder Kontrollgruppe zugeteilt. Ein weiteres Kriterium ist die „Verblindung". Hier unterscheidet man zwischen Einfach-, Doppel- oder Dreifachblind-Studien. Bei einer einfachen Verblindung ist nur der Proband im Unwissen, welche Therapieoption er erhält. Dahingegen ist eine Studie doppelblind, wenn behandelnder Arzt und die Versuchsteilnehmer nicht wissen, ob es sich um ein Placebo oder um das Verum handelt. Ist auch der auswertende Statistiker nicht über die Maßnahmen informiert, so spricht man von einer dreifachen Verblindung. Je höher der Grad der Verblindung ist, desto validere und reliabele Resultate erhält man. Des Weiteren muss eine Studie „kontrolliert" sein. Das bedeutet, *„dass einem Teil der Probanden eine Kontrolle über Placebos vorgesehen" [32]* wird und dessen Messergebnisse man schließlich mit denen aus der zu testenden Intervention vergleicht. Zweck dieser Placebokontrolle ist es, Voreingenommenheit für die neue Medikation auszuschließen. Das letzte Kriterium für eine randomisierte, kontrollierte Studie betrifft die Anzahl an Versuchspersonen. Erst durch eine ausreichende Teilnehmerzahl kann eine hohe Validität der Ergebnisse gewährleistet werden.

---

31) entnommen aus Quellenverzeichnis [SP]

32) entnommen aus Quellenverzeichnis [BU]

14

7. Ethische Aspekte

Wenngleich der Placebo-Einsatz meist aus gutem Grund erfolgt, nämlich dem Patienten zu helfen und zu schützen, ist die Grenze zwischen deontologischer und utilitaristischer Absicht eng beieinander.

Die Tuskegee-Syphilis-Studie, die von 1932 bis 1972 in der Gegend von Tuskegee (Alabama) durchgeführt wurde, zeigt, wie sehr die Menschenwürde unter dem Aspekt der Placebogabe missachtet wurde.

„Der Zweck der Studie war, den natürlichen Verlauf der Syphilis-Erkrankung zu beobachten. Die Studie wurde auch nicht abgebrochen, als bereits wirksame Syphilis-Medikamente auf dem Markt waren. Auch hatten die Versuchsteilnehmer keine Gelegenheit zu einer informierten Einwilligung erhalten. Man hatte ihnen nicht einmal mitgeteilt, dass man bei ihnen Syphilis festgestellt hatte. Stattdessen hatte man ihnen mitgeteilt, dass sie „schlechtes Blut" hätten und eine kostenlose Behandlung bekämen[34]."

Vier ethische Grundprinzipien sind hiermit verletzt worden: Fürsorge, Schadenvermeidung, Respekt der Autonomie und Gerechtigkeit[35]. Alle Versuchsteilnehmer dienten nämlich nur zum Zweck der Studie, ihr Wohl wurde dabei nicht beachtet. Ebenso wurde ihnen eine bestmögliche Therapieform verweigert, sodass sie einem potenziellen Schaden ausgesetzt worden sind. Am wichtigsten ist jedoch zu nennen, dass die Studie gegen das „informed consent", also das Selbstbestimmungsrecht der Versuchsteilnehmer sowie das Aufklärungsrecht verstoßen haben.

Aus diesen Gründen erscheint eine Placebogabe nur dann ethisch vertretbar, wenn sie unter Beachtung und Einhaltung der Grundprinzipien erfolgt. Dies gilt nicht nur für klinische Studien, sondern auch für die Placebo-Anwendung in der therapeutischen Praxis, in der dieselbe ethische Problematik auftreten kann. Erst dann kann gewährleistet werden, dass der Patient nicht Mittel zum Zweck ist, sondern als eine autonome Person wahrgenommen wird.

8. Bedeutung des Placebo-Einsatzes in der Medizin

Trotz der Problematik, die mit einem Placebo-Einsatz verbunden ist, kann auf Placebos nicht verzichtet werden. Der aus einer Placebogabe resultierende Placeboeffekt ist für die Medizin von äußerster Relevanz, hinsichtlich seiner Wirkungsquote und seiner Funktion als Komplementärmedizin.

34), 35) entnommen aus Quellenverzeichnis [BU]

8.1 Wirkungsquote

Selbst wenn kein Placebo verschrieben wird, so ist stets neben dem Verumeffekt ein Placeboeffekt vorhanden, der nicht unwesentlich an der Gesamtwirkung beteiligt ist. Meist sind es 30-40 Prozent[36], die dem Placeboeffekt zuzuschreiben sind. Dieses Phänomen lässt sich so erklären, dass bei jeder medikamentösen Einnahme immer eine Erwartungshaltung besteht, die zugunsten des Heilungsprozesses maximiert werden kann.

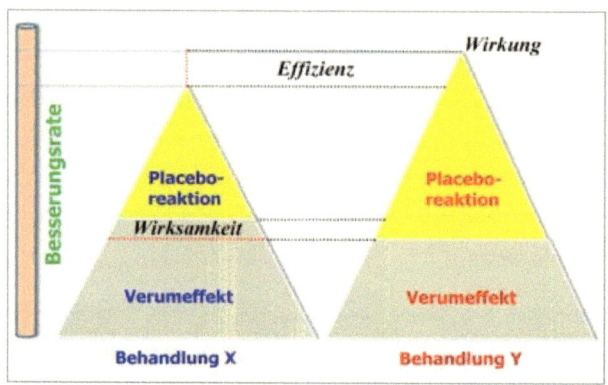

Abb.11: Anteil des Placeboeffekts an der Gesamtwirkung [37]

8.2 Komplementärmedizin

Placebos ersetzen zwar nicht die Schulmedizin und können auch keine Krankheiten heilen, aber sie bieten eine Basistherapie an. Sie kommen nämlich dort ins Spiel, wo eine zielgerichtete Behandlung keinen Erfolg zeigt oder der Patient unnötiger Gefahr ausgesetzt wird. Sie lindern die Beschwerden der Patienten (nahezu) nebenwirkungsfrei und verschreiben einen großen – wenn nicht größeren - Behandlungserfolg. Daher werden Placebos als „add-on-Therapie" sehr häufig eingesetzt und stellen so neben der Schulmedizin eine Art ergänzende, also komplementäre Medizin dar.

---

36) entnommen aus Quellenverzeichnis [BU]

37) entnommen aus Quellenverzeichnis [FR]

9. Placeboeffekt an der Grenze der Selbstheilung

Abschließend soll noch einmal die Frage aufgegriffen werden, wer verantwortlich für den Heilungsprozess ist. Ist es nun Peter Simon oder sind es die Menschen, die ihn aufsuchen? Aufgrund der umfangreichen Vertiefung in das Thema Placebo, liegt die Vermutung nahe, dass es sich bei der Gebetsheilung um einen Placeboeffekt handelt. Peter Simon fungiert als Placebo und ist somit der Anstoß für die Menschen, ihre Selbstheilungskräfte zu aktivieren.

„Ihr Glaube macht sie also gesund."

Trotzdem bleibt noch eine Frage um das Phänomen Peter Simon offen. Es heißt, dass Placebos keine Krankheiten heilen. Wie erklärt man sich nun die Heilung des Bauchspeicheldrüsenkrebses? Hier stößt der Placeboeffekt an seine Grenzen. Es wird eine Schwelle überschritten in ein Fachgebiet, das sich nicht mehr empirisch erklären lässt. Übernatürliche Kräfte oder auch Wunderheilung sind als solches zu nennen.

Es ist also festzuhalten, dass der Placeboeffekt Antworten auf viele Phänomene gibt, aber dennoch an der Grenze der Selbstheilung steht.

10. Glossar

Adenylatcyclase	Ein Enzym, das die Umwandlung von ATP in zyklisches Adenosinmonophosphat (cAMP) katalysiert, und an der Signalübertragung beteiligt ist.
Amygdala (Corpora amygdaloidea)	Ein mandelförmiger Kern im anterioren Temporallappen, von dem man annimmt, dass er an der Empfindung von Gefühlen, bestimmten Formen des Lernens und am Gedächtnis beteiligt ist.
Dopamin	Ein Catecholamin-Neurotransmitter, das u.a. für das Glücksgefühl verantwortlich ist.
Endorphine	Ein endogenes opioides Peptid mit morphinähnlicher Wirkung; besonders in Regionen, die mit Schmerz verknüpft sind, vorhanden.
Glutamat	Eine Aminosäure, die als exzitatorisches Neurotransmitter häufig bei der Schmerzübertragung vorkommt.
Hinterhorn	Der dorsale Bereich des Rückenmarks, der Zellkörper von Neuronen enthält.
Hypophyse	Eine haselkerngroße Hormondrüse am Boden des Zwischenhirns.
Hypothalamus	Der ventrale Bereich des Zwischenhirns, Regulationszentrum für vegetative und endokrine Vorgänge.
Insularer Kortex	Ein eingesenkter Teil der Großhirnrinde, von der man annimmt, dass er als assoziatives Zentrum fungiert.

Lissauer-Zone	Weiße Substanz des Rückenmarks, die die graue Substanz zwischen Hinter-und Vorderseitenstrang umhüllt.
Medulla	Teil des Rautenhirns, der caudal (dem Ende zugelegen) zur Brücke und zum Kleinhirn liegt.
Nozizeptoren	Jede Rezeptorzelle, die selektiv für potenziell schädliche Reize ist; kann auch die Wahrnehmung von Schmerz einschließen.
Nucleus Accumbens	Ein Teil der Basalganglien, besteht aus Kern- und Schalengebiet und ist ein wichtiger Teil des Belohnungssystems.
Periaquäduktales Grau	Eine Region im Mittelhirn, die schmerzverursachende Signale unterdrücken kann.
Pons (Brücke)	Der Teil des rostralen Rautenhirns, der ventral (zur Bauchseite gehörend) zum Kleinhirn liegt.
Präfrontaler Kortex	Eine corticale Region am rostralen Ende des Frontallappen, die eng mit Assoziationsgebieten des Cortex verbunden ist.
Spinalganglion	Eine Ansammlung von Zellkörpern sensorischer Neuronen, die Teil des somatischen peripheren Nervensystems sind.

Spinothalamischer Trakt	Eine aufsteigende Bahn, die vom Rückenmark zum Thalamus zieht; vermittelt Informationen über Schmerz und Temperatur.
Substanz P	Neurotransmitter aus der Familie der Neurokinine, das an der Schmerzübertragung beteiligt ist.
Substantia gelatinosa	Ein dünner dorsal gelegener Teil des Hinterhorns des Rückenmarks, der Eingang von nichtmyelinisierten C-Fasern erhält; wichtig für die Übertragung von nozizeptiven Signale.
Thalamus	Der dorsale Bereich des Zwischenhirns, der stark mit dem Neokortex verknüpft ist.
Tegmentum (ventrales tegmentales Areal)	Eine Schicht im Bereich des Hirnstammes.

11. Quellenverzeichnis

Literatur/Zeitschriften

[BCP]   Mark F. Bear, Barry W. Connors, Michael A. Paradiso. *Neurowissenschaften, Ein grundlegendes Lehrbuch für Biologie, Medizin und Psychologie,* Spektrum Akademischer Verlag *(2009)* , S.452-464, 586-587, 646

[BDK]   Horst Bayrhuber, Rainer Drös, Ulrich Kull. *Lindner Biologie 11,* Schroedel *(2009),* S.156-157

[BU]   Bundesärztekammer. *Placebo in der Medizin,* Deutscher Ärzte-Verlag *(2010),* S.3-9, 35-39, 50-53, 56-58, 69-72, 84, 158-161

[SP]   Howard Spiro. *Placebo, Heilung, Hoffnung und Arzt-Patient-Beziehung,* Verlag Hans Huber *(2005),* S.7-8, 26-27, 46, 58-65, 117-130

[TI]   Hildegard Tischer. *Heilende Einbildung, Medizin zwischen Placebo-Effekt und Wunderheilung,* Verlagshaus der Ärzte *(2009),* S. 105

Internetquellen

[FR]   Claus Fritzsche. *Forschungslage: Placebo in der Medizin. Experten raten, den Placeboeffekt stärker für die Therapie zu nutzen,* [WWW-Dokument entnommen am 2.11.2011] URL: http://www.neuraltherapie-blog.de/?p=3333

[KL]   Anja Kliemt. *Endorphine,* [WWW-Dokument entnommen am 1.11.2011] URL: http://daten.didaktikchemie.uni-bayreuth.de/umat/endorphine/endorphine.htm

[OA$_1$] O.A.. *Nucleus Accumbens,* [WWW-Dokument entnommen am 1.11.2011] URL: http://flexikon.doccheck.com/Nucleus_accumbens

[OA$_2$] O.A.. *Schmerzhemmung,* [WWW-Dokument entnommen am 1.11.2011] URL: http://www.medizinfo.de/schmerz/hemmung.htm

[OA$_3$] O.A.. *Hypothalamus und Hypophyse,* [WWW-Dokument entnommen am 1.11.2011] URL: http://www.medizinfo.de/endokrinologie/anatomie/hypo.htm

[OA$_4$] O.A.. *Übersicht: Hormone und ihre Funktion,* [WWW-Dokument entnommen am 4.11.2011] URL: http://www.medizinfo.de/endokrinologie/hormone.htm#endorphine

[OA₅]   O.A.. *Opioidrezeptor*, [WWW-Dokument entnommen am 2.11.2011] URL:
        http://de.wikipedia.org/wiki/Opioidrezeptor

[OA₆]   O.A.. *Inselrinde*, [WWW-Dokument entnommen am 3.11.2011] URL:
        http://de.wikipedia.org/wiki/Inselrinde

[RO]   Gerhard Roth. *Verstand und Gefühle – Wem sollen wir folgen?*, [WWW-Dokument
        entnommen am 2.11.2011] URL: http://www.liss-kompendium.de/hirnforschung/roth-
        verstand+gefuehle.htm

[SCH]   Georg Schönbächler. *Placebo*, [WWW-Dokument entnommen am 9.8.2011] URL:
        http://www.collegium.ethz.ch/fileadmin/user_upload/ch_pdfs/07_smf_georg.pdf

[SA]   Catharina Sadaghiani. *Eine Meta-Analyse placebokontrollierter Doppelblindstudien*,
        [WWW-Dokument entnommen am 15.10.2011] URL: http://www.freidok.uni-
        freiburg.de/volltexte/487/pdf/csadaghiani.pdf